建筑设计手绘

基础精讲

郑嘉文 著

U0201755

化学工业出版社
·北京·

内容简介

本书作为学习建筑设计手绘的入门书籍，主要侧重于对手绘基础技法进行讲解。全书共5章，从工具选择、线条绘制、空间透视、上色技法、材质表现、建筑配景、效果图绘制步骤等方面出发，全面、系统地介绍了建筑设计手绘技法的基础运用，并指出了绘画时需要注意的关键问题。随书附赠配套精讲视频和电子版线稿，以便读者能够更直观地学习手绘技法并能进行针对性练习。

本书可作为建筑、环境艺术、城市规划设计、园林景观等专业的手绘教材使用，也可作为建筑师、景观设计师和其他相关专业人员提高手绘表现技能的参考用书。

随书附赠资源，请访问 https://www.cip.com.cn/Service/Download 下载。

在如右图所示位置，输入"41164"点击"搜索资源"即可进入下载页面。

资源下载

41164

图书在版编目（CIP）数据

建筑设计手绘基础精讲 / 郑嘉文著. — 北京：化学工业出版社, 2022.5（2025.1重印）
ISBN 978-7-122-41164-8

Ⅰ.①建… Ⅱ.①郑… Ⅲ.①建筑设计 - 绘画技法 Ⅳ.①TU204.11

中国版本图书馆CIP数据核字(2022)第059546号

责任编辑：吕梦瑶　　　　　　　　　　　　　　　　　　　　　装帧设计：金　金

责任校对：边　涛

出版发行：化学工业出版社（北京市东城区青年湖南街13号　邮政编码100011）

印　　装：涿州市般润文化传播有限公司

710mm×1000mm　　1/12　　印张 13　　字数 92 千字　　2025年1月北京第 1 版第 2 次印刷

购书咨询：010-64518888　　　　　　　　　　　　　　　　　　售后服务：010-64518899

网　　址：http://www.cip.com.cn

凡购买本书，如有缺损质量问题，本社销售中心负责调换。

定　　价：79.80元　　　　　　　　　　　　　　　　　　　　　版权所有　违者必究

合一手绘
HEYI HAND-PAINTED

　　编著此书的初衷是帮助广大建筑设计师朋友熟练地掌握手绘技能，帮助广大在校大学生与手绘爱好者正确理解设计手绘，从而科学地学习手绘。手绘是设计师的基本功，良好的手绘基础也是设计师艺术修养的展现。在设计手绘的学习过程中，一套科学、系统的方法必不可少。为帮助广大热爱手绘的读者们扎实、有效地掌握设计手绘技法，笔者结合多年设计工作与手绘教学经验，精心归纳整理，编著此书。全书从工具、线条、透视、建筑配景（人物、植物、鸟、汽车、亭子、水、石头等）、材质、构图、透视、马克笔上色技法等方面进行着重讲解，并配有精讲视频以便于理解与练习。本书适合手绘初学者与建筑设计专业学生、在职设计师朋友翻阅参考。希望书中所总结的手绘经验能够对广大设计师朋友及手绘爱好者有所帮助。

　　对于此书有任何疑问和建议，欢迎随时发邮件至 heyi_design@qq.com，我们会第一时间进行处理，力求把书做得更好！

合一设计教育
2022 年 2 月

目录

第 1 章　手绘基础 / 1

1.1 工具介绍 / 2

1.2 线条画法 / 7

1.3 透视基础理论 / 12

1.4 墨线投影画法 / 16

1.5 几何体块透视结构 / 22

1.6 暗部阴影处理 / 23

1.7 建筑草图速写 / 24

第 2 章　上色技法 / 29

2.1 马克笔与彩铅应用技法 / 30

2.2 黑色马克笔应用技法 / 34

2.3 高光笔应用技法 / 35

2.4 材质上色基础 / 36

第 3 章　建筑配景 / 37

3.1 草 / 38

3.2 树枝 / 40

3.3 灌木 / 41

3.4 乔木和竹子 / 45

3.5 石头 / 50

3.6 水 / 53

3.7 汽车 / 55

3.8 人物 / 57

3.9 鸟和气球 / 59

3.10 亭子和廊架 / 60

3.11 建筑效果图图框模板 / 62

第 4 章　建筑透视效果图 / 63

4.1 一点透视效果图 / 64

4.2 一点斜透视效果图 / 69

4.3 两点透视效果图 / 73

4.4 三点透视效果图（鸟瞰图）/ 79

第 5 章　作品赏析 / 83

5.1 住宅建筑 / 84

5.2 酒店民宿建筑 / 98

5.3 办公建筑 / 103

5.4 校园建筑 / 112

5.5 展馆建筑 / 121

5.6 商业建筑 / 128

5.7 医疗建筑 / 133

5.8 体育建筑 / 137

5.9 其他建筑 / 141

附录 / 151

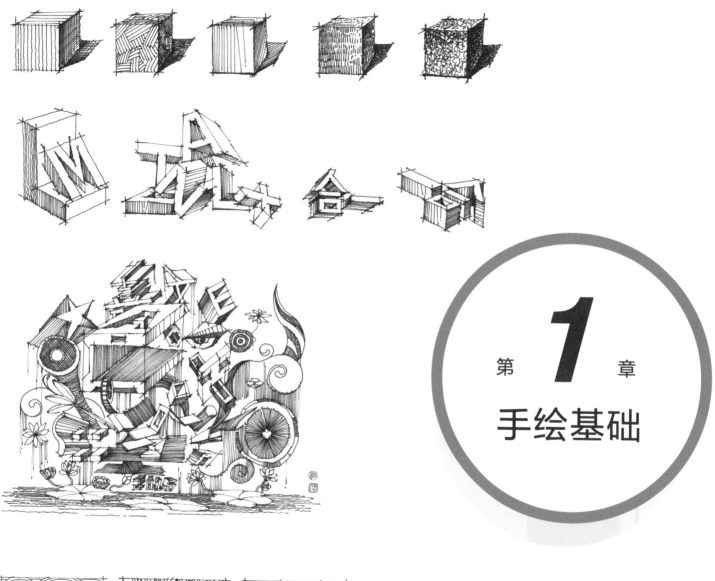

 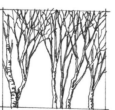  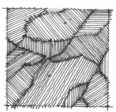 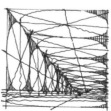 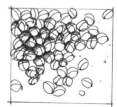

1.1　工具介绍

1.1.1 尺规类

※ 平行尺

　　平行尺又称"滚尺"，因尺上有一滚轴而得名。由于可上下平行滚动，多用于绘制平行线条。

※ 丁字尺

　　丁字尺以 90cm 的最为常见，现多用于手绘快题方案的绘制。

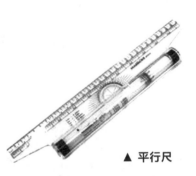

▲ 平行尺

 TIPS

在方案创作时，不应受绘画工具的限制。想要练就一手高效、快速且随时随地拿得出手的手绘技能，就需要培养科学的学习思路并进行大量实践练习。初学者前期可以借助尺规辅助与徒手绘制相结合，熟练后在快速表现概念方案时就不建议再过于依赖工具，没有某品牌的笔就不会画图在甲方看来是极不专业的。画笔可使用铅笔、滚珠笔、钢笔、油性笔等，只要绘图时使用顺畅即可。

▲ 丁字尺

1.1.2 画笔类

※ 滚珠笔

　　滚珠笔是常见的办公用品，由于具有价格低廉、便于获取等优点，常在书写、绘图中使用。在用滚珠笔绘图时，笔尖应向纸面倾斜 45°，以避免在画快线时出现线条不流畅和断墨的现象。

※ 钢笔

　　钢笔的原理是因笔尖受挤压，从而流淌出墨水。需要注意的是，即使是同一人，在书写与绘图过程中，其握笔姿势和下笔力度也不会完全相同。笔尖的倾斜角度不同，其磨损位置自然也不同，建议大家准备一支绘图专用钢笔，不要做书写之用，避免绘图时钢笔出现断墨的现象。

※ 水溶性彩铅

　　彩铅分为水溶性与油性两种，在设计手绘中，因水溶性彩铅与马克笔的兼容性更好而被广泛使用。水溶性彩铅具有色彩丰富、细腻等特点，常用于绘制环境色。其缺点是笔头过小影响绘图速度，如果单纯用彩铅绘图，则效率不高，所以彩铅与马克笔搭配使用更为科学。

▲ 滚珠笔

▲ 水溶性彩铅

▲ 钢笔

※ 马克笔

马克笔可分为油性马克笔与水性马克笔两种。油性马克笔因含有较多酒精成分又被称为"酒精马克笔"。当其在画面的同一位置反复叠加达到一定深度时，颜色容易饱和且无法再加深，因此更容易掌握，是最为常见的绘画工具之一。水性马克笔是从水彩延伸过来的，在使用过程中水性马克笔反复用笔涂画一处时颜色会逐步加重，相比油性马克笔更难控制。

在使用马克笔绘画前要熟知马克笔的特性，其优点是上色快速，缺点是不易表现过多细节。在手绘时，马克笔常与水溶性彩铅搭配使用，水溶性彩铅用于画环境色，马克笔用于铺整体的大关系与大色调，切记彩铅不宜过多。

※ 高光笔

高光笔推荐使用三菱白漆广告笔，这款笔在画高光时线条细致，颜色均匀。注意使用前要摇匀。

※ 美工笔

美工笔俗称"弯头钢笔"，多用于风景速写，能够快速表现线面结构。

※ 针管笔

针管笔目前多用于绘制建筑设计专业学生的大作业，使用时注意笔与纸面应垂直，常见品牌有红环、樱花等。

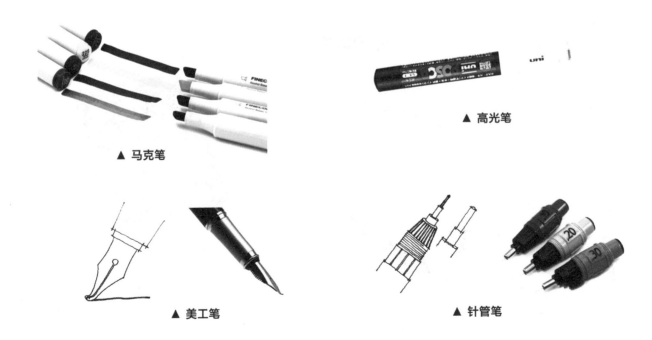

▲ 马克笔

▲ 高光笔

▲ 美工笔

▲ 针管笔

※　中性笔

中性笔中比较推荐使用晨光会议笔（俗称"小红帽"），其具有手感好、易控制等优点，缺点是笔头材质较特殊，常出现因笔头磨损严重而无法书写的情况，在使用时应注意下笔不宜过重。

※　自动铅笔

自动铅笔具有使用便捷的优点，但由于铅芯过细，笔痕不易擦净，使用时应注意下笔不宜过重。

※　铅笔

铅笔的优点是下笔轻重好控制，缺点是使用时需要削铅笔，不是太便捷，较适合打底稿。

※　双头勾线笔

双头勾线笔有粗、细两种笔头，在绘制平面图和立面图时尤为便捷，粗头适合画结构墙体，细头适合画建筑门窗洞口。

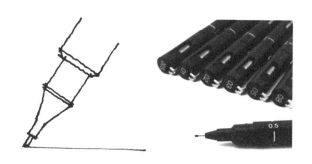

▲ 自动铅笔

▲ 中性笔

▲ 铅笔

▲ 双头勾线笔

1.1.3 画纸类

※ 复印纸

初学者练习手绘时建议使用 A3 或 A4 复印纸。复印纸的优点是成本低廉、易于获取。在进行设计交流时，复印纸也是手绘用纸的首选。手绘时应该用最常见的工具来表达自己的设计意图。由于有些复印纸过薄，在使用马克笔上色时容易出现变色、透色等现象，建议采用略厚一些的复印纸。

▲ 复印纸

※ 马克笔专用纸

马克笔专用纸的正面光滑，背面有一层膜，上色时不易透色，能够很好地表现反复叠加的马克笔色彩。

※ 快题纸

快题纸常见于艺术设计专业的考试中，因考试时需要表达的内容较多，所以纸张较大。快题纸尺寸各院校要求不统一，可根据所报院校要求自行准备用纸。

▲ 马克笔专用纸

※ 草图纸

草图纸多在方案初期使用，纸张较薄，常叠加在 CAD 建筑结构图上使用。

1.1.4 其他工具

常用的制图橡皮为 4B 橡皮，其品牌种类繁多，好用即可。

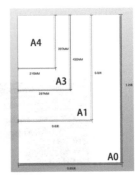

▲ 草图纸

▲ 橡皮

▲ 快题纸

1.2　线条画法

在设计手绘中,肯定、流畅的线条将直接影响画面效果,手绘时要注意线条在画面中虚实曲直的对比关系,适度合理地丰富画面,控制好画面节奏,避免画面过于呆板。

1.2.1 手绘姿势 7 要素

手绘姿势的 7 个要素:① 所画图在左 / 右眼的正下方(精确);② 手腕不动;③ 以手肘为支点,摆臂成线;④ 握笔时手指不要距离笔尖过近,约笔身的 1/3 处即可;⑤ 笔与线垂直;⑥ 起笔稳、行笔快、收笔准;⑦ 起笔重、行笔轻、收笔重。

1.2.2 快直线(横直线、尺寸线、竖直线)

※ 横直线

起笔时小回笔,注意起笔要稳。行笔时注意线条的挺度,快速果断,忌犹豫。收笔时提前 1cm 准备停笔,停笔位置准确。

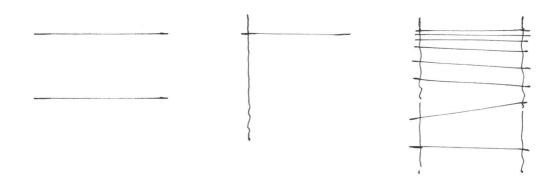

▲ 横直线

7

※ 尺寸线

手绘建筑平面图、立面图时需要考虑尺寸关系，可以通过练习尺寸线来培养尺度感。在练习初期可利用尺子辅助，通过大量的尺寸对比练习形成肌肉记忆，最终达到出手准确的效果。练习时，尺寸线的长度可以控制在 1~6cm（比例为 1:100、1:50、1:75 等的平面图和立面图中使用）。

※ 竖直线

握笔时手指不要距离笔尖过近，约笔身的 1/3 处即可，以确保预留出较大的运笔空间。保持手腕不动，手指带动笔自上而下运动，注意下笔肯定、果断。竖直线的长度约为 3.5cm，更长的竖直线用接笔（接笔即将先后画的两条线衔接为一条线，接笔处应紧密衔接，"不断空、不重合、不错位"，线条像一笔画成）的方式完成。

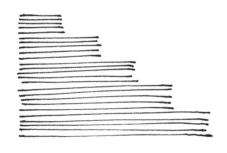

▲ 尺寸线

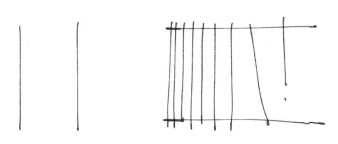

▲ 竖直线

1.2.3 抖线（横抖线，竖抖线）

※ 横抖线

平行拖动笔即可，手指自然放松，抖动频率不宜过大，线条整体遵循大直小曲的原则。

▲ 横抖线

※ 竖抖线

在行笔过程中，手指可轻微左右抖动，但不宜抖动过碎。线条快速流畅，大直小曲。

1.2.4 斜线

绘制从左下至右上的线条时，保持手和手腕不动，摆臂向上画。

绘制从左上至右下的线条时，保持手腕和手臂不动，手指动，向下画。

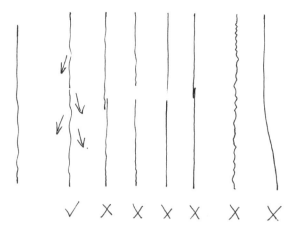

▲ 竖抖线

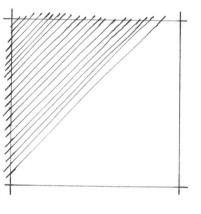

▲ 左下至右上的线条

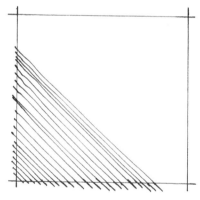

▲ 左上至右下的线条

1.2.5 弧线

画弧线时可预先打点定位，大方向确定后连点成线即可。

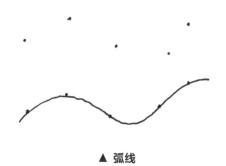

▲ 弧线

1.2.6 圆

从方形中切出圆形的方法较为精确,画出中轴线,如果是透视圆要注意灭点方向。

1.2.7 植物线

手绘植物线时注意笔尖略搭在纸上即可,手指握笔力度略大,手掌与手臂放松以便更好地控制笔的走向。要注意植物形体的整体把控,线条讲究自然、变化、清晰、流畅。

练习时可将线条分解为"方""圆""尖"三种形式,注意大小、凹凸、方、圆、尖的结合与变化,忌僵硬死板。

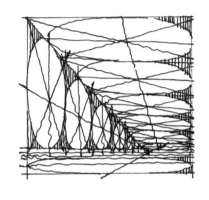

▲ 圆

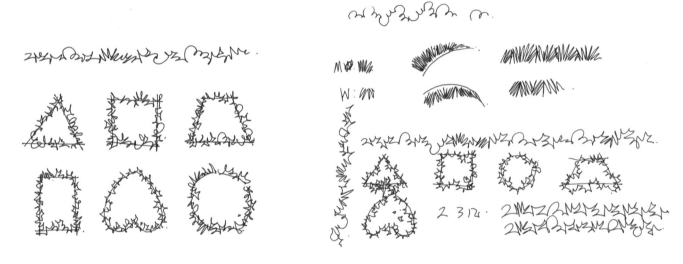

▲ 植物线

▲ 方线　　　　　　　　▲ 尖线　　　　　　　　▲ 圆线

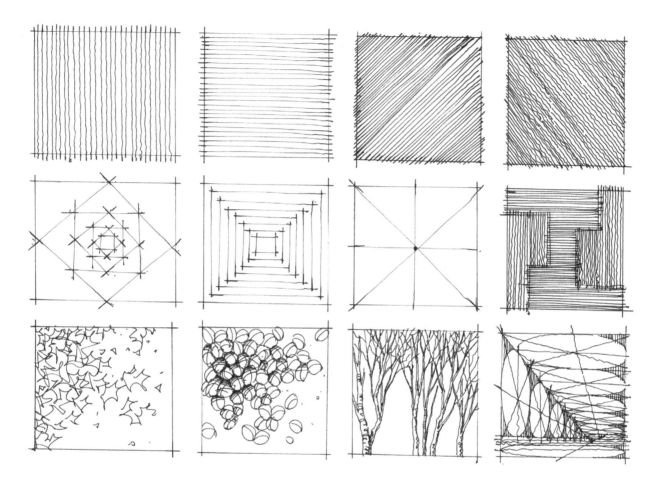

TIPS

在手绘中线条极其重要，画面上的任何一个结构都是由线条构成的，美观流畅的线条需要大量的实践练习。除以上介绍的常见线条之外，还有穿点线、放射线、交互线、方格线、透视线等，坚持练习可以使线条更加灵活，切记画面中不要出现自己不理解的线条与结构。

1.3 透视基础理论

人眼所在的位置称为"视点"，人眼向前看落在画面上的消失点称为"灭点"，灭点左右平移产生的水平线称为"视平线"，画面的底边线称为"基线"，视平线上任意一点与基线之间的距离称为"视高"，灭点到人眼之间的距离称为"视距"。

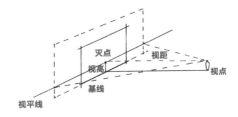

▲ 透视示意

1.3.1 一点透视

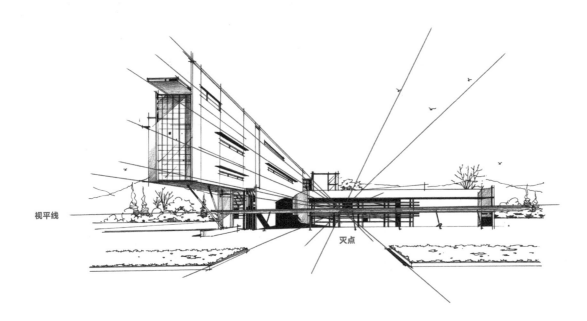

一点透视又称"平行透视"，纵深方向只有一个灭点，水平方向与视平线平行，垂直方向与视平线垂直。简单来说就是横平竖直，纵向消失于一个灭点上。

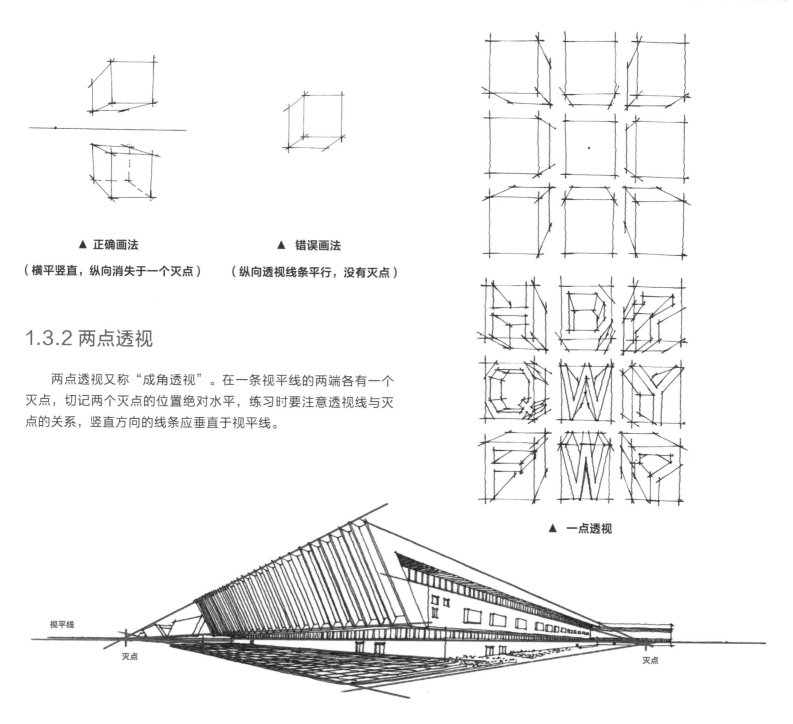

▲ 正确画法

（横平竖直，纵向消失于一个灭点）

▲ 错误画法

（纵向透视线条平行，没有灭点）

1.3.2 两点透视

两点透视又称"成角透视"。在一条视平线的两端各有一个灭点，切记两个灭点的位置绝对水平，练习时要注意透视线与灭点的关系，竖直方向的线条应垂直于视平线。

▲ 一点透视

视平线

灭点

灭点

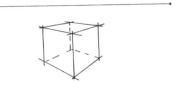

▲ 正确画法   ▲ 错误画法

（正方体左右两个侧面的纵向透视线分别消失于与两侧相对应的灭点）　（正方体左右两个侧面的纵向透视线倾斜角度过大，无法准确汇集于灭点）

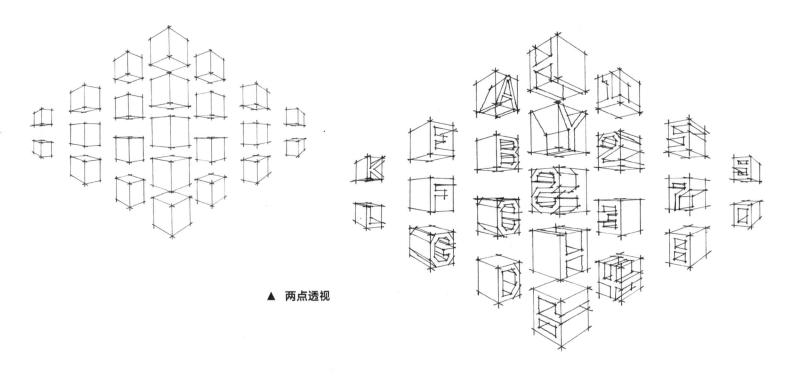

▲ 两点透视

1.3.3 三点透视

三点透视是在两点透视的基础上，在物体上方或下方另加一个灭点，竖直方向的线消失于此灭点。

正方体左右两个侧面的纵向透视线分别消失于与两侧相对应的灭点，正方体的竖向透视线消失于下方或上方一点。当正方体的竖直方向线条消失于下方称为"俯视图"；当正方体的竖直方向线条消失于上方则称为"仰视图"。

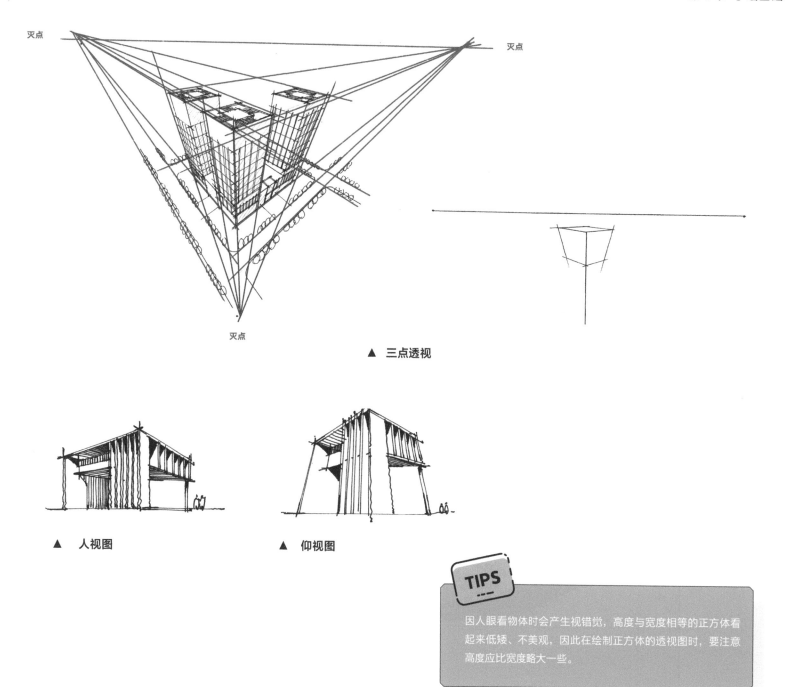

▲ 三点透视

▲ 人视图　　　　　▲ 仰视图

TIPS

因人眼看物体时会产生视错觉，高度与宽度相等的正方体看起来低矮、不美观，因此在绘制正方体的透视图时，要注意高度应比宽度略大一些。

1.4 墨线投影画法

　　用钢笔画投影时应注意排线的疏密变化，忌无变化、死板的线条。应分析物体投影区的光影变化，控制好间接受光与完全背光的细节处理，根据材质的变化确定排线方向。

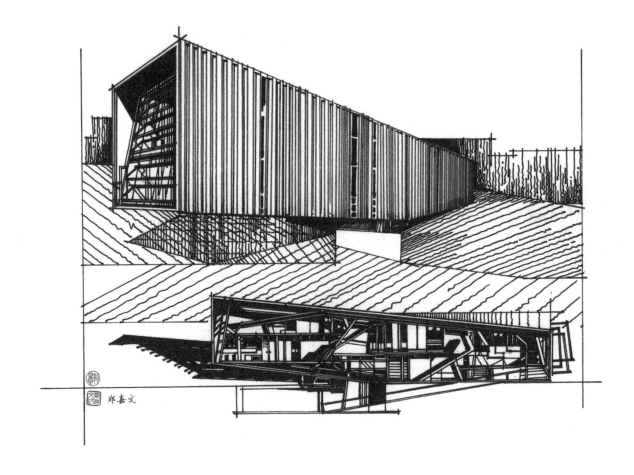

1.4.1 排线投影

※ 一点透视正方体投影画法

卡住明暗交界线，向后逐渐稀疏排线，从而增加投影的变化，需注意排线的过渡要流畅。

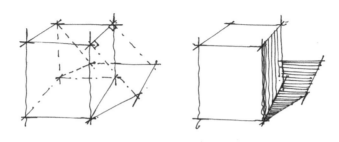

▲ 一点透视正方体投影

※ 两点透视正方体投影画法

卡住明暗交界线，向后逐渐稀疏排线，末端用 Z 形笔触过渡以增强变化，要尽量避免绘制呆板的线条。

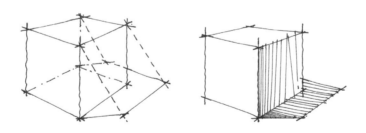

▲ 两点透视正方体投影

※ 三点透视正方体投影画法

从明暗交界线顺着透视方向排线，线条由密集至稀疏。

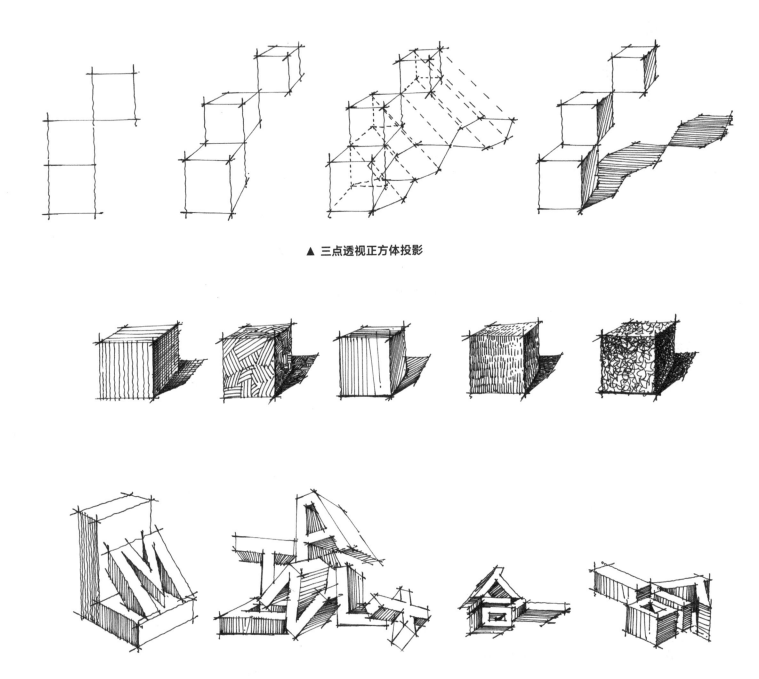

▲ 三点透视正方体投影

1.4.2 速涂投影

　　速涂投影画法因绘制速度快而被广泛地运用在方案手绘中，速涂投影时应注意运笔速度由慢至快，线条由密集至稀疏，下笔力度由重至轻，忌停顿和渐变不流畅。

1.4.3 乱线投影

乱线投影画法因其绘制速度快、用笔灵活自然，多见于建筑写生钢笔画中，线条由密集至稀疏，忌停顿和渐变不流畅。

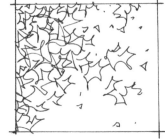

1.4.4 点绘投影

点绘投影画法需注意疏密有度、用笔要稳，多见于建筑精细钢笔画中。"点"由密集至稀疏，阴影中心要透气，忌将"•"画成","，忌渐变不流畅。

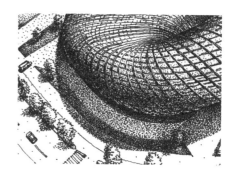

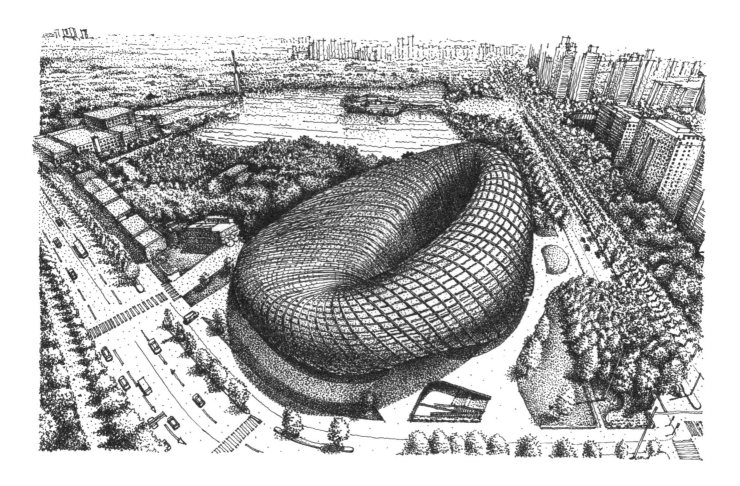

1.5 几何体块透视结构

任何复杂建筑结构的本质都是简单的几何体块穿插与组合关系，掌握透视准确、尺度合理的体块手绘能力尤为重要。在手绘体块透视时应注意"透视精准、线条利落、比例准确"，忌"反复描画、变形（变形即控笔不稳且不准）"。

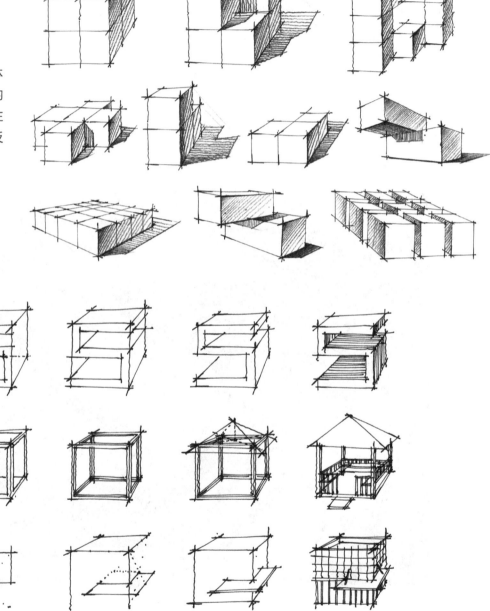

1.6 暗部阴影处理

在建筑手绘中，暗部阴影的处理也很重要。绘制暗部时，线条排布应顺应透视与建筑结构的方向、过渡顺畅，忌无理由地乱涂，要体会现实中暗处的结构特征。相比较受光处，暗部整体颜色较重。

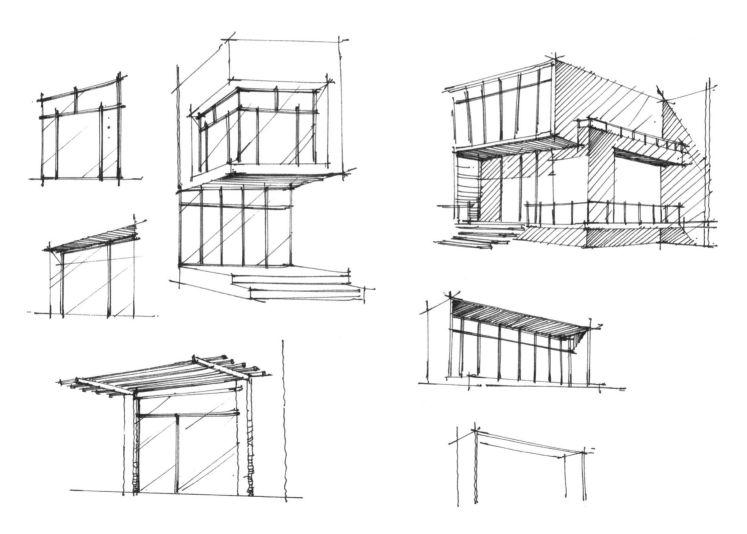

1.7 建筑草图速写

建筑草图速写可以很好地帮助初学者把控画面的整体感，对于基础较薄弱的学生来说，在建筑手绘学习初期，草图速写的训练十分必要。

在进行建筑草图速写训练时应注意线条的流畅以及建筑细部的尺度比例关系，还要注意建筑草图不宜过大，因为人眼看物体是发散的，在基础不扎实的情况下画大图不利于把控画面整体且绘图耗时较长、不高效，手掌心大小即可。

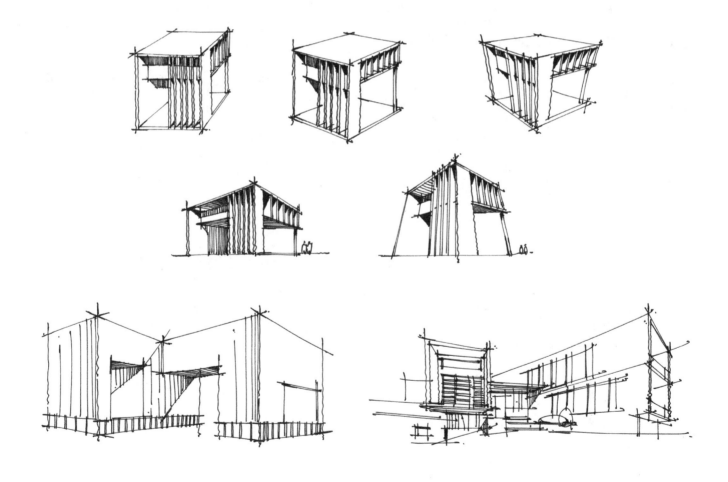

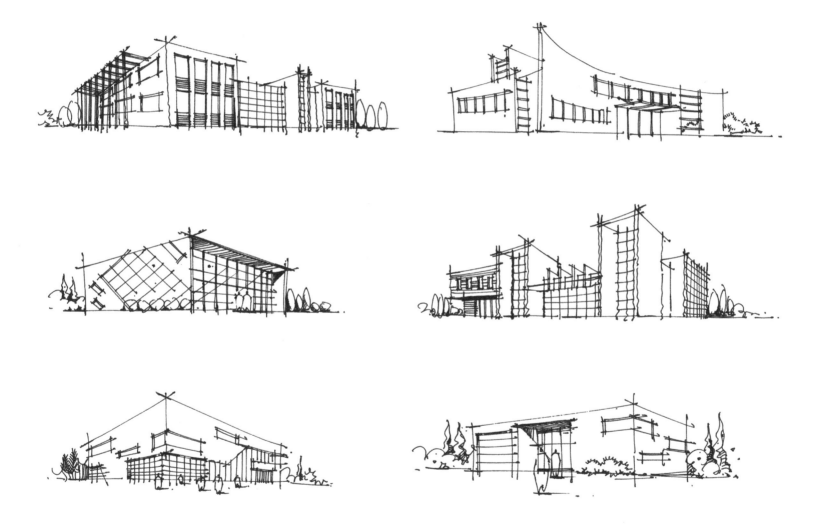

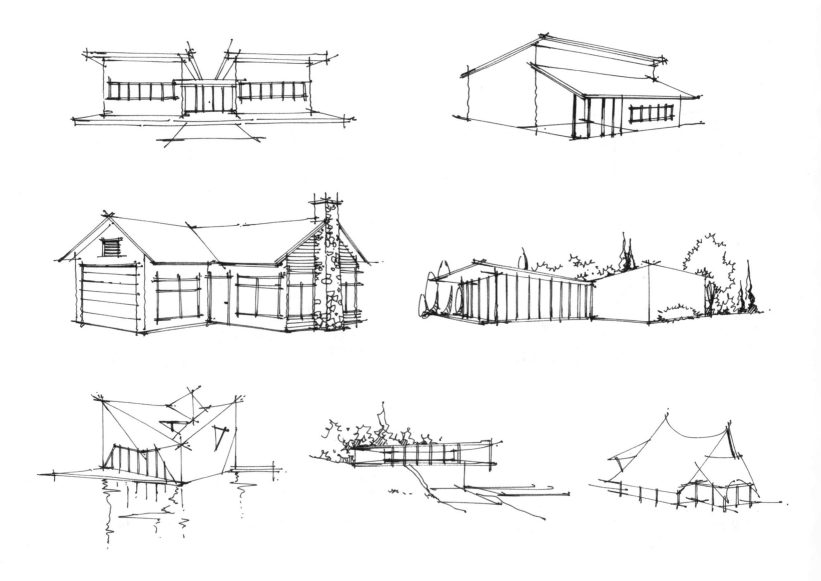

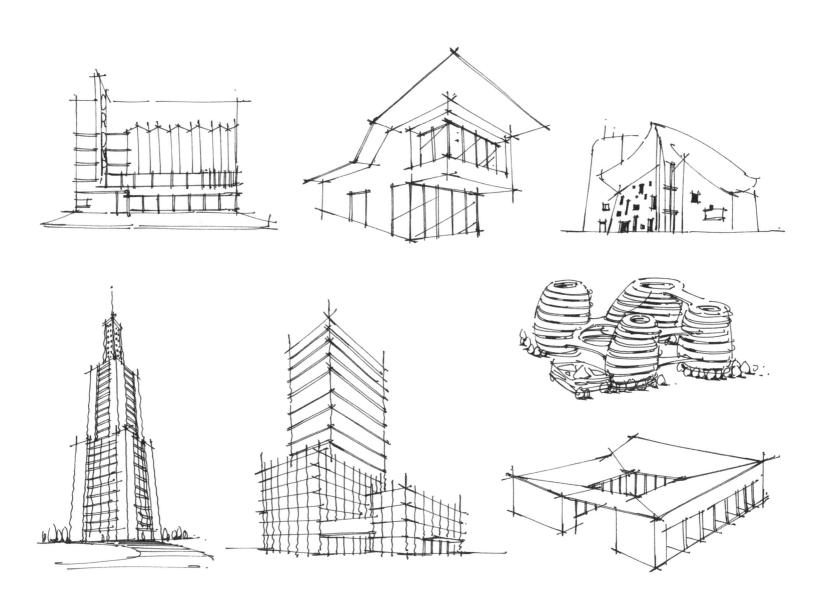

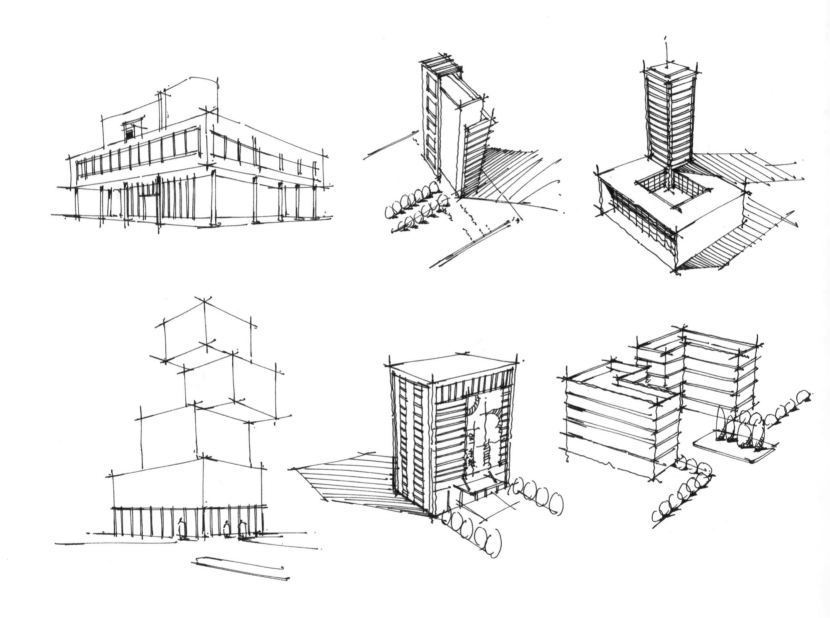

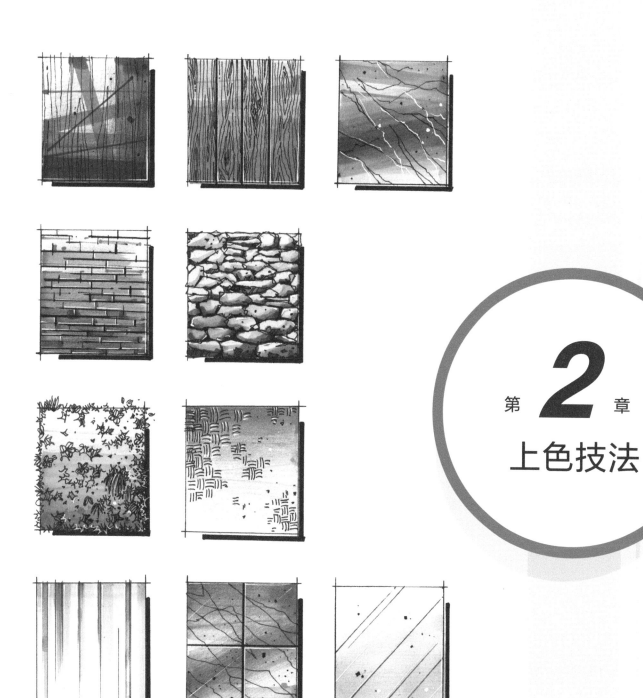

第 **2** 章

上色技法

2.1 马克笔与彩铅应用技法

2.1.1 马克笔应用技法

马克笔是设计手绘中常见的上色工具，上色速度快、速干是其最大优势。使用时最重要的两点：一是"快"，二是"准"。

※ 平直线（四种线型）

利用马克笔笔头的特殊形状绘制不同粗细的线条，忌线条柔软、边缘不肯定。

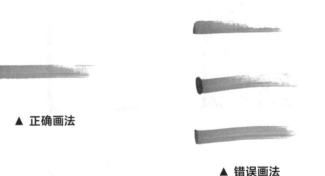

▲ 正确画法　　　　　　　　▲ 错误画法

※ 扫线

扫线的要点是快速起笔，快速行笔，头尾平齐，忌变形、有重头和弯曲变形。

▲ 正确画法

▲ 错误画法

※ 色阶

运用行笔速度与下笔力度控制马克笔的颜色轻重。

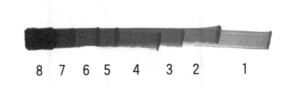

8　7　6　5　4　3　2　1

※ 排笔

▲ 起笔稳、行笔快、收笔准　　　　　▲ 线条边与面的侧边平行，平直画线　　　▲ 线条边与面的侧边平行，左右对应扫线，忌重叠

※ Z 形笔触和 N 形笔触

　　Z 形笔触的绘制要点是用笔要放松，不要太拘谨，下笔即走，停笔立即抬起，收笔准。叠加颜色时要等前一遍颜色干透后再叠加。注意色阶过渡要自然顺畅。常见笔法有 Z 形笔触和 N 形笔触。

※ 干画法

　　使用干画法铺色时要等底色干透后再叠加下一层颜色，注意色阶渐变。

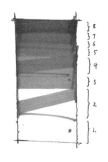

※ 湿画法

　　湿画法是在底色未完全干透的情况下快速湿涂，同时控制用笔的速度与力度，速度慢、下笔重则颜色深，反之则颜色浅，注意过渡要自然。湿画法的特点是绘制速度快，练习时注意边缘收齐，不要涂过。

※ 点

　　手绘效果图离不开点、线、面三大构成元素，在马克笔上色时适度打点可以丰富画面，使画面更加松弛从而增强画面效果。打点时要注意点的大小和疏密，不宜过多，适度湿涂，注意排笔的变化与节奏，要与周围环境融为一体。

2.1.2 彩铅应用技法

※ 水溶性彩铅

　　因为马克笔中含有水分与酒精，因此最好选用水溶性彩铅。水溶性彩铅的颜色可以溶于马克笔，两者相互叠加可使色彩更加艳丽和谐。

　　在使用水溶性彩铅时可轻旋笔头，使锋利面与纸面贴合。排列线条时既可从密到疏、从重到轻，也可从疏到密、从轻到重，忌平涂。要注意控制好用笔力度且注意线条的疏密变化。

※ 马克笔 + 水溶性彩铅

　　马克笔与水溶性彩铅结合使用时，建议先使用马克笔铺底色，再叠加水溶性彩铅。因为马克笔上色速度快，更容易控制整体色调，而水溶性彩铅上色较为细腻，更适合表现环境色和色彩过渡。另外，后使用水溶性彩铅上色可以避免弄脏马克笔笔头（尤其是浅色马克笔），但后使用水溶性彩铅上色会因马克笔笔触中的酒精挥发变干，使水溶性彩铅不能很好地溶入，可通过水溶性彩铅细腻的上色笔法等来达到两者的自然统一。

33

2.2 黑色马克笔应用技法

在建筑设计手绘中，经常运用黑色马克笔来增强空间层次、画面对比及光影效果。黑色常见于空间中不受光的暗处，如建筑投影、建筑底部、外立面明暗交界线、植物暗部、砖缝以及玻璃等高反光材质中。在运用黑色马克笔时需要注意适量点缀，以免影响画面的层次感，同时要注意明确光源方向。

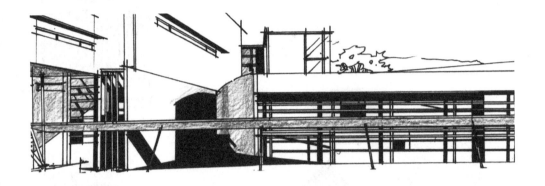

2.3 高光笔应用技法

　　高光笔常在手绘作品接近尾声时使用，用于提高物体受光面的亮度，增强画面明暗对比效果。其多见于整个画面中最亮的部位或明暗交界线处，使用时应注意笔触要饱满、肯定，不宜过脏、含糊不清。与黑色马克笔一样，高光在画面中出现的数量不宜过多。

2.4 材质上色基础

　　在处理材质时，由于不同物体的质感、触感、色彩不同，在马克笔表现时应注意其主要特质。例如玻璃具有清澈、透亮、坚硬、上下的光感变化等特质，上色不宜太厚，可采用湿画法渐变。大理石质地坚硬，表面拥有自然的炸裂纹理，注意不要绘制太多纹理，不然会显得琐碎。文化石或灰砖在建筑效果图中多见于大面积铺装，因每一块砖的尺寸都不大，所以在手绘时不建议全画，应注意疏密取舍、松弛有度，忌过满、画蛇添足。

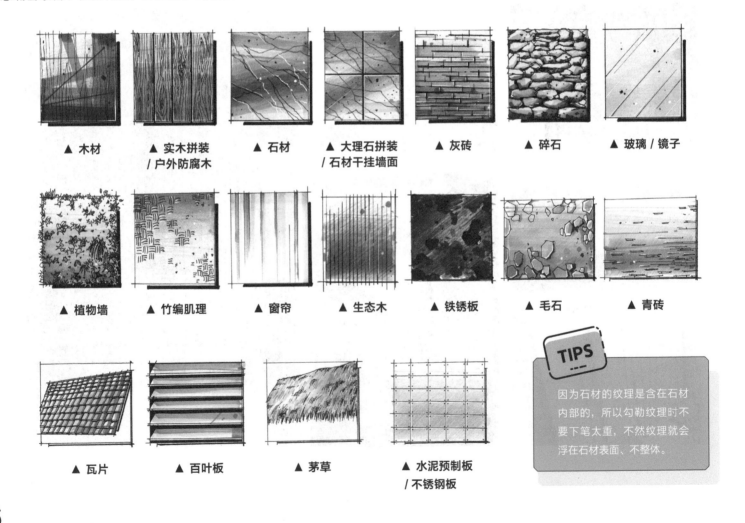

▲ 木材　　▲ 实木拼装 / 户外防腐木　　▲ 石材　　▲ 大理石拼装 / 石材干挂墙面　　▲ 灰砖　　▲ 碎石　　▲ 玻璃 / 镜子

▲ 植物墙　　▲ 竹编肌理　　▲ 窗帘　　▲ 生态木　　▲ 铁锈板　　▲ 毛石　　▲ 青砖

▲ 瓦片　　▲ 百叶板　　▲ 茅草　　▲ 水泥预制板 / 不锈钢板

TIPS

因为石材的纹理是含在石材内部的，所以勾勒纹理时不要下笔太重，不然纹理就会浮在石材表面、不整体。

第 **3** 章

建筑配景

3.1　草

3.1.1 草的动态及草线

体会草随风摆动的动态，忌生硬坚挺，需多变化，前后左右自然弯曲。

▲ 草的动态　　　　　　　　　　　　　　　　　　　▲ 草线

3.1.2 远景草

远处靠后的草应做虚化处理，以便于突出视觉中心，忌精细。

▲ 远景草

3.1.3 中景草

处于画面视觉中心附近的草，可细致表现。

▲ 中景草

3.1.4 近景草

近景草不宜表现精细，线条放松，概括表现即可。

▲ 近景草

3.1.5 草丛与草坪

▲ 草丛   ▲ 草坪

3.2 树枝

树的整体是向上生长的，枝干交错的形态就像"女"字一样。在手绘表现时，枝干间衔接的处理要稳固，树枝整体下粗上细，要考虑树枝与基线的垂直关系。

3.3 灌木

自然生长的灌木多见圆形，需要考虑灌木的受光、固有色、明暗交界线、暗面、反光等的处理。

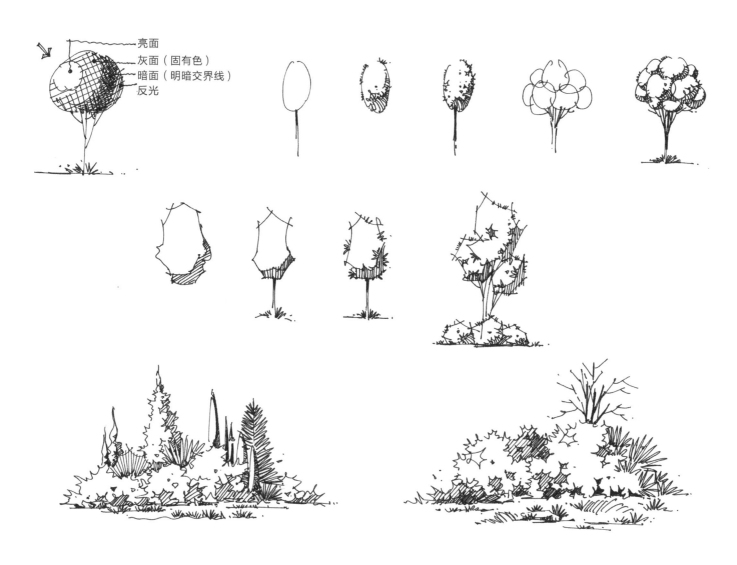

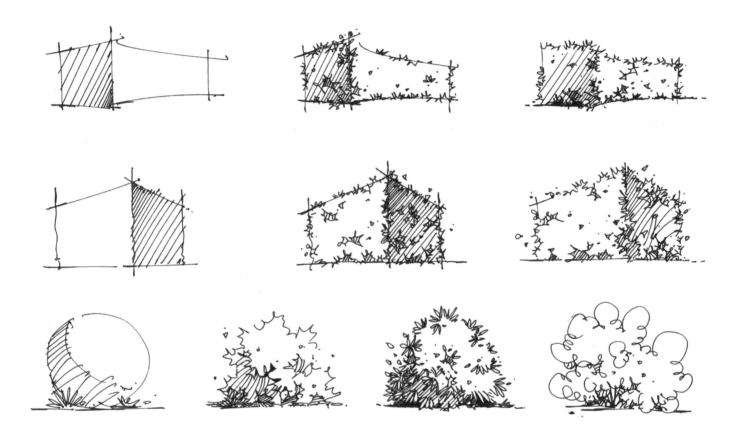

43

3.4 乔木和竹子

绘制时要注意树干的轴线关系以及树形的控制，线条松弛、自然。

3.5 石头

　　石头质地坚硬，重量感足，手绘时需要考虑其特点，下笔果断肯定，光影关系明确，把握整体表现的同时还要把控石头的细微变化，如开裂、断面的处理。在马克笔上色时颜色不宜复杂，可根据石头的不同品种选择冷灰、暖灰、中性灰、蓝灰、绿灰等颜色。光滑的石头表面可用彩铅增加少量环境色，切记环境色不宜过多。

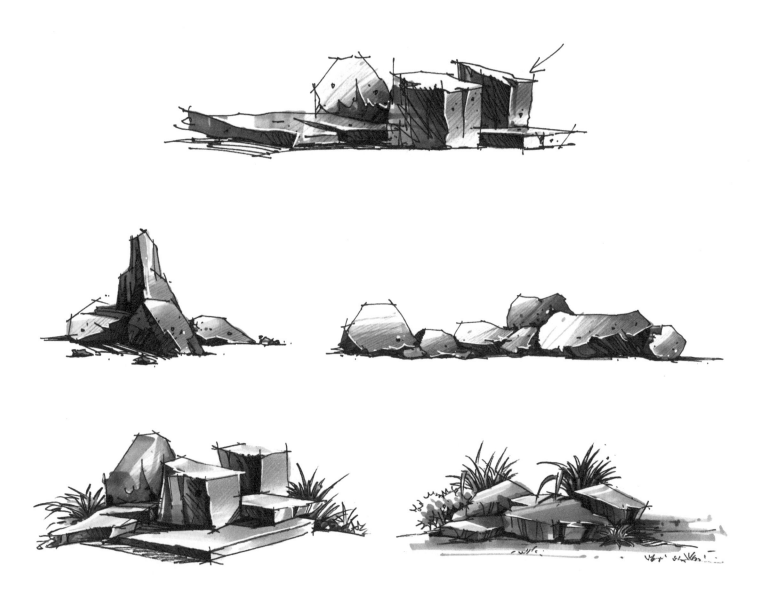

 水

3.6.1 慢水线

绘制慢水线时的行笔方向应与线条方向平行,线条放松并遵循大直小抖的规律,岸边线条密集,向下逐渐稀疏,注意倒影的刻画。

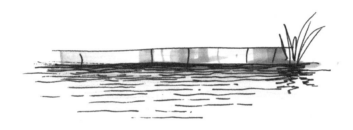

3.6.2 快水线

绘制快水线时肩部要放松打开，大摆臂，线条上密下疏。马克笔上色时运用扫笔技法。为表现水的清澈，颜色不要太厚重。

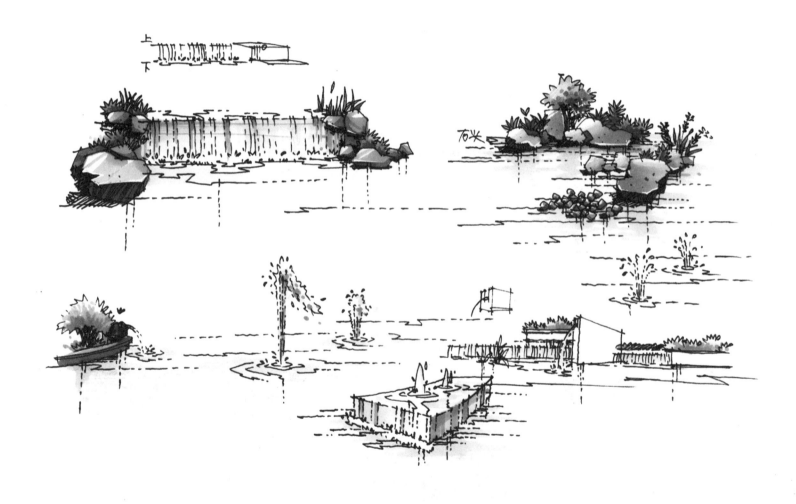

3.7 汽车

手绘汽车时需充分理解车体的几何体块关系，透视要准确，线条快速果断。

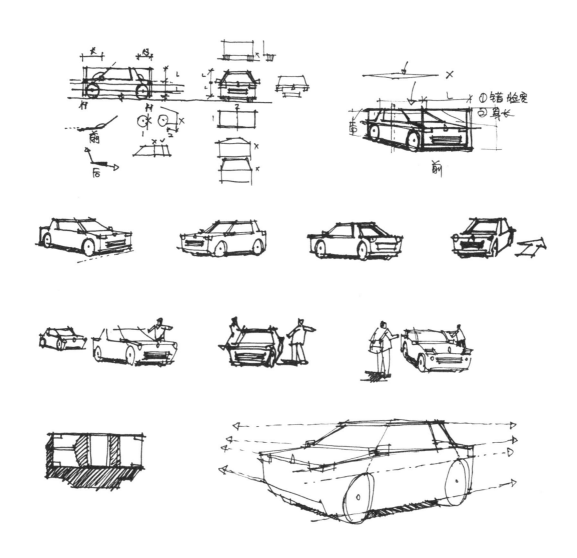

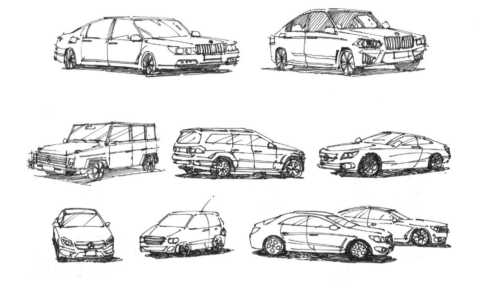

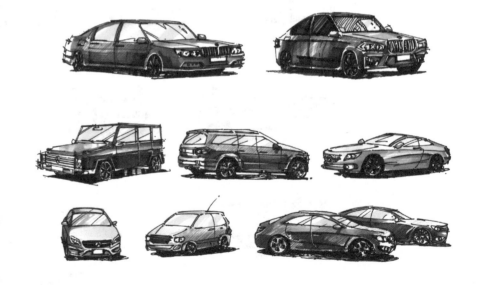

3.8 人物

  人物是建筑手绘效果图中常见的配景之一，主要起到烘托画面氛围、增强尺度感等作用，还可以活跃空间，避免画面过于沉闷、没有生机。

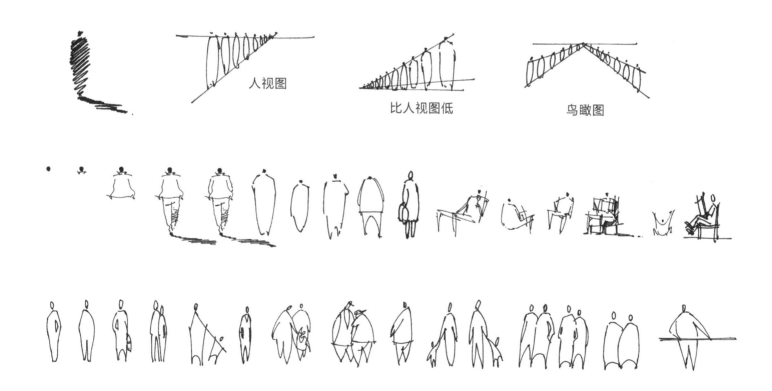

人视图

比人视图低

鸟瞰图

　　在建筑设计手绘中，表达重点应放在建筑效果图上以突出视觉中心，人物配景不必花费过多时间刻画。人物形体简练概括，注意大动态，比例合理即可。绘制时可遵循以人头长为单位的尺度比例——"站七、坐五、盘三半"，即全身为 7 头长，坐下 5 头长，盘坐 3 个半头长，绘图时应牢记。

男　　　　　　女

3.9 鸟和气球

3.9.1 鸟

鸟作为有生命的配景更容易带动画面欢快、热闹的氛围，手绘时要注意鸟与建筑的比例关系以及远近关系。

3.9.2 气球

在现代建筑手绘中气球多与鸟搭配使用，以增强节日氛围、丰富画面，手绘时应注意气球重心与轴线的控制。

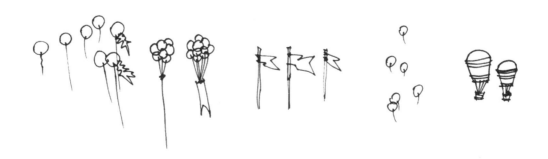

3.10 亭子和廊架

在手绘效果图中，亭子和廊架的视高多为人站立时的人眼高度，线条结构要交代清晰。

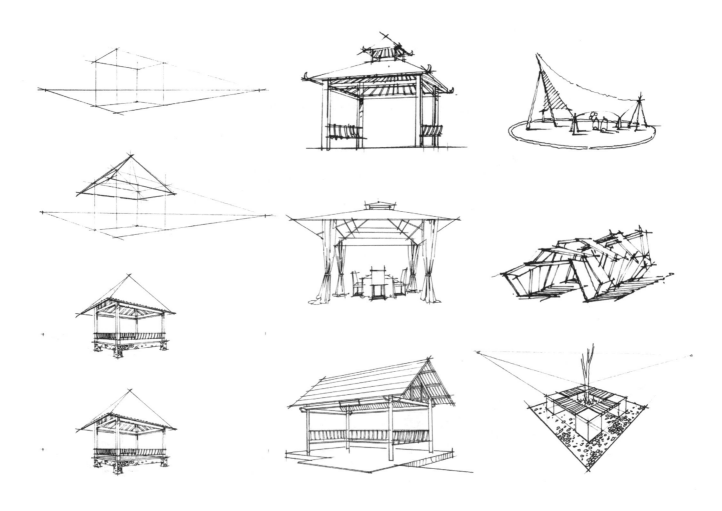

3.11 建筑效果图图框模板

绘制建筑效果图图框时要注意近景植物线条要概括放松，把握植物的形体动态即可，忌过于精细刻画，以免弱化视觉中心的建筑主体。

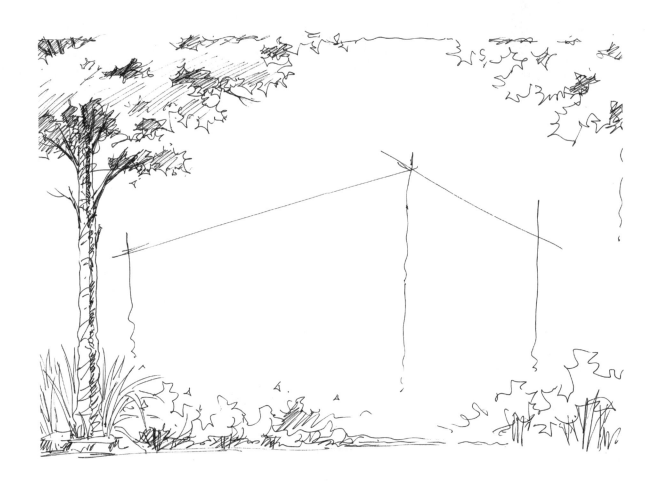

第 **4** 章

建筑透视
效果图

4.1 一点透视效果图

一点透视画法的特点是建筑外轮廓线的横向线条与竖向线条垂直，纵向线条集中消失于画面中心的灭点，整体效果看起来比较规矩。因其只有一个灭点，与其他透视效果图相比绘制速度较快，但由于只能看到建筑的一处立面，展现的外立面设计较少。

构图： 忌过于饱满，A3 纸四周预留 2cm 的边框，A4 纸四周预留 1cm 的边框，视平线定于画面 1/3 处或画面中线偏下。

※ 第一步 定位置

建筑左右两侧各预留 3cm 用于画配景，确定建筑主体宽度与高度（此步骤使用铅笔完成）。

※ 第二步 定结构

确定建筑主体的大体结构和高度（此步骤使用铅笔完成）。

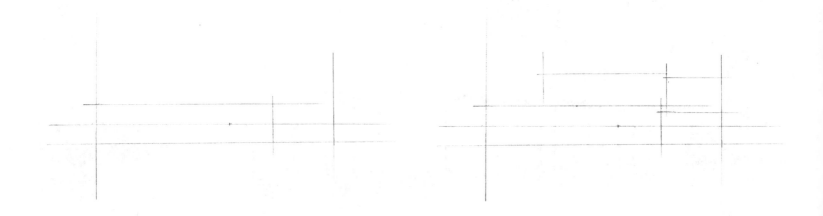

※ 第三步 画墨线

用钢笔绘制墨线。先画建筑主体的外轮廓，预留出植物遮挡部分。

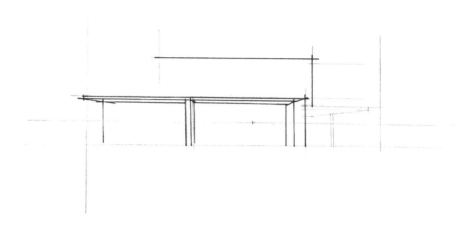

※ 第四步 定大形

确定建筑主体的基础轮廓。

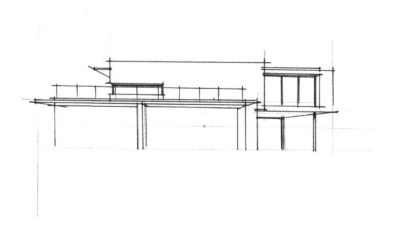

※ 第五步 完善主体

用钢笔绘制建筑主体的轮廓。

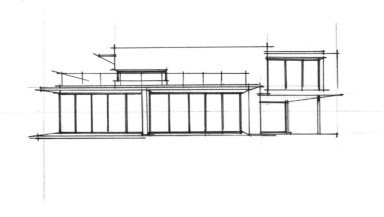

※ 第六步 完善配景

补充配景，如树、草地等周边环境的细节。

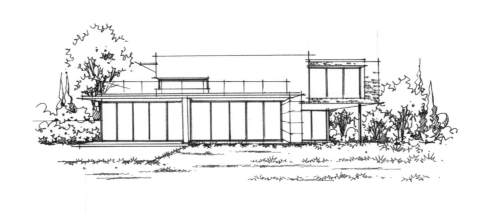

※ 第七步 完善投影

画出建筑主体结构与配景的投影，钢笔线稿完成。

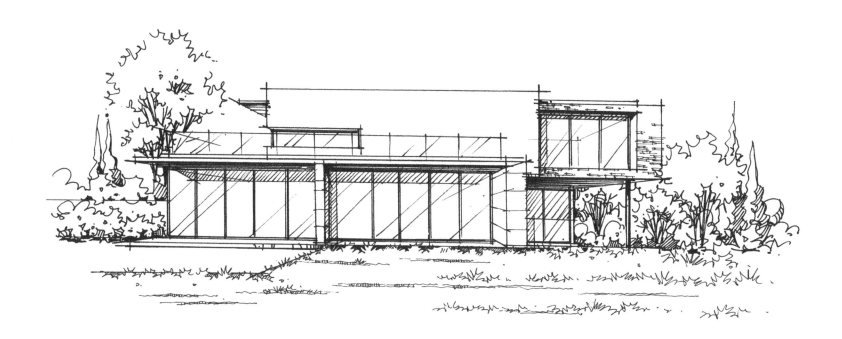

※ 第八步 马克笔上色

用马克笔结合彩铅完成上色。

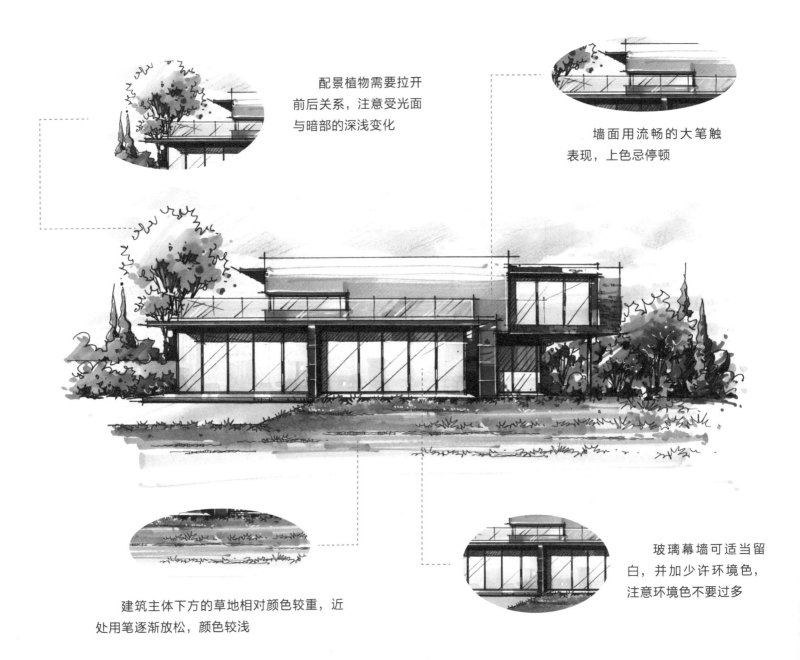

配景植物需要拉开
前后关系，注意受光面
与暗部的深浅变化

墙面用流畅的大笔触
表现，上色忌停顿

建筑主体下方的草地相对颜色较重，近
处用笔逐渐放松，颜色较浅

玻璃幕墙可适当留
白，并加少许环境色，
注意环境色不要过多

4.2 一点斜透视效果图

一点斜透视与一点透视的视角相同，但相比一点透视，一点斜透视多了一个侧面灭点，从而使上下两条线倾斜消失于侧面灭点，透视效果更为活泼、强烈。

构图： 忌过于饱满，A3 纸四周预留 2cm 的边框，A4 纸四周预留 1cm 的边框，视平线定于画面 1/3 处或画面中线偏下。

※ 第一步 定位置

建筑左右两侧各预留 3cm 用于画配景，确定建筑主体高度与宽度，确定视平线高度（此步骤使用铅笔完成）。

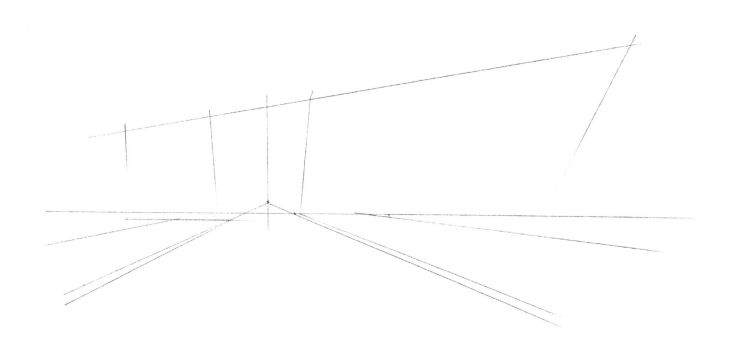

※ 第二步 定结构

确定建筑主体的透视与结构（此步骤使用铅笔完成）。

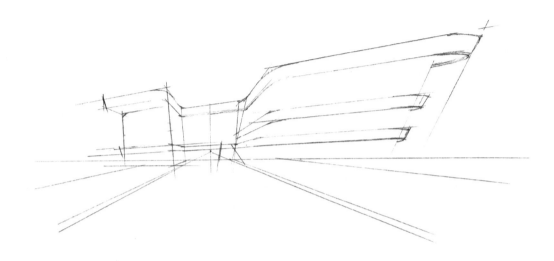

※ 第三步 画墨线

用钢笔由前向后画，注意前后遮挡关系的处理。

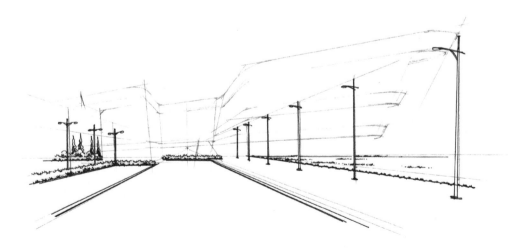

※ 第四步 完善细节

完成建筑主体结构后，画出建筑周围的配景与投影，钢笔线稿完成。

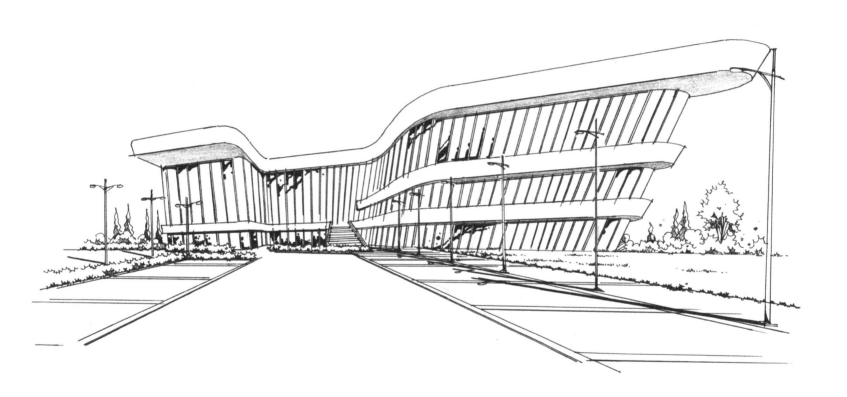

※ 第五步 马克笔上色

用马克笔结合彩铅完成上色。

远处地面预留倒影，中间重，近处虚

曲面造型应预留反光，注意颜色的渐变

草地层次丰富，建筑主体下方的草地颜色偏重

4.3   两点透视效果图

两点透视又称"成角透视"，因其在视平线左右两侧各有一个灭点而得名。两点透视可以看到建筑的两个外立面，可以体现更多关于外立面的设计，这种透视方式在建筑手绘表现中较为常见。

构图：忌过于饱满，A3 纸四周预留 2cm 的边框，A4 纸四周预留 1cm 的边框，视平线定于画面 1/3 处或画面中线偏下。

※ 第一步 定位置

先确定视平线，然后在视平线上确定左右两侧的灭点（两个灭点处于同一视平线上），随后确定建筑主体的几何结构，在中线上定出建筑主体的高度（此步骤使用铅笔完成）。

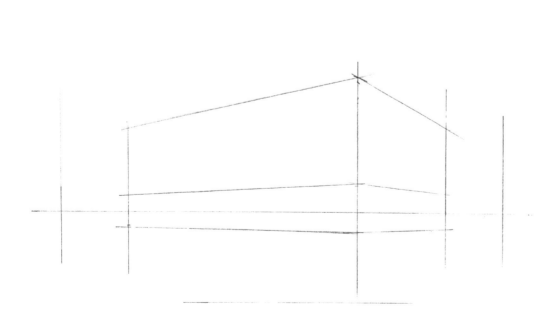

※ 第二步 画墨线

用钢笔沿两侧灭点画墨线，先画建筑主体的外轮廓，并预留出植物遮挡部分。

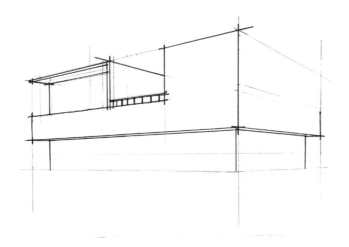

※ 第三步 完善主体

完成建筑主体的轮廓线。

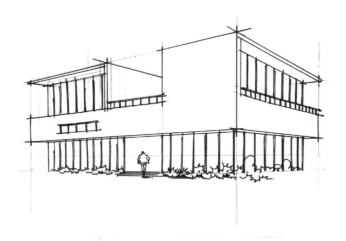

※ 第四步 完善配景

补充配景，如树、人物、地面等环境细节。

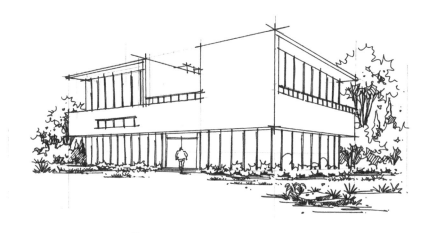

※ 第五步 完善图框

完善近景。用树、灌木、草作为图框，远景用鸟活跃空间氛围。

※ 第六步 完善投影

画出建筑主体结构与配景的投影，钢笔线稿完成。

※ 第七步 马克笔上色

用马克笔结合彩铅完成上色。

建筑外立面的暗处可用
干画法处理，笔触清晰

地面可选用环境色（偏
灰色系）速涂，下笔要轻快

注意人与建筑的尺度比
例，人物衣服的光影变化，
以及人物投影的处理

77

配景树的层次处理清晰，
远景树可用马克笔概括处理

建筑外立面
的受光侧用大笔
触（湿画法）速
涂，注意力度变
化，过渡要自然

4.4 三点透视效果图（鸟瞰图）

三点透视效果图又称"鸟瞰图"，其视平线在主体物上方，且视平线的左右两侧各有一个灭点，建筑主体物下方也有一个灭点，形成三点透视效果图。三点透视效果图是人从飞机向下看或鸟从空中向下看到的视角，距离视平线较近则相对视觉尺度较大，距离视平线较远则相对视觉尺度较小。

构图： 忌过于饱满，A3 纸四周预留 2cm 的边框，A4 纸四周预留 1cm 的边框，视平线定于画面上方或纸外。当视平线在纸外，无法在画面中确定灭点时，初学者可接纸将灭点画出，以便准确定位。

※ 第一步 定位置

先确定视平线,然后确认视平线上左右两侧的灭点以及建筑主体下方的灭点,随后确定建筑主体的投影(此步骤使用铅笔完成)。

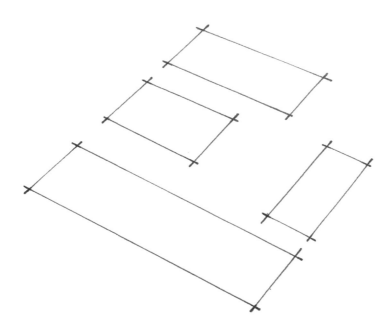

※ 第二步 画墨线

根据地面投影，沿三个灭点画建筑主体的外轮廓。

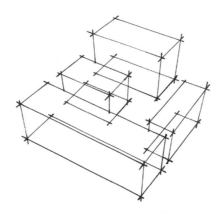

※ 第三步 完善主体

完成建筑主体的轮廓线，增加配景，画出建筑主体的投影。

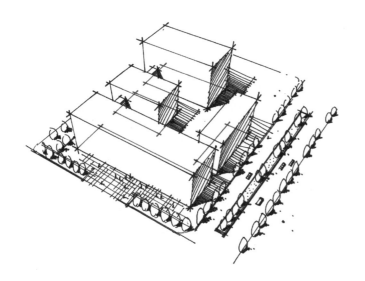 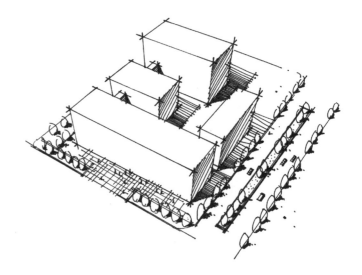

※ 第四步 线稿完成

补充配景，如树、人物、地面等环境细节，并丰富建筑主体的细节。

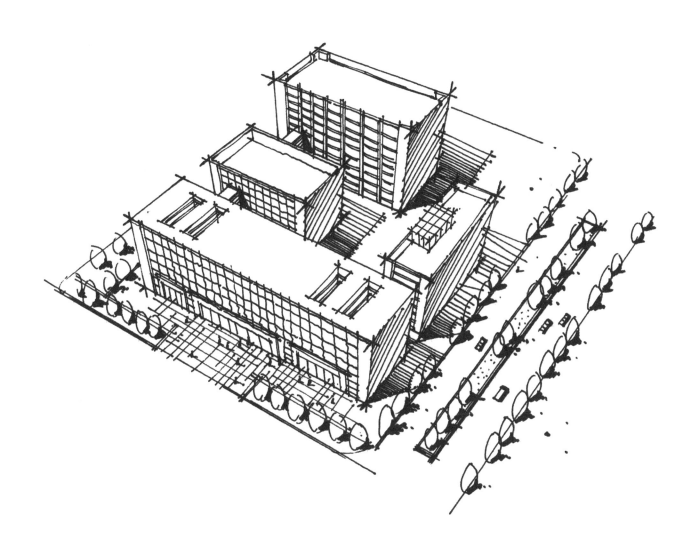

※ 第五步 马克笔上色

用马克笔结合彩铅完成上色。

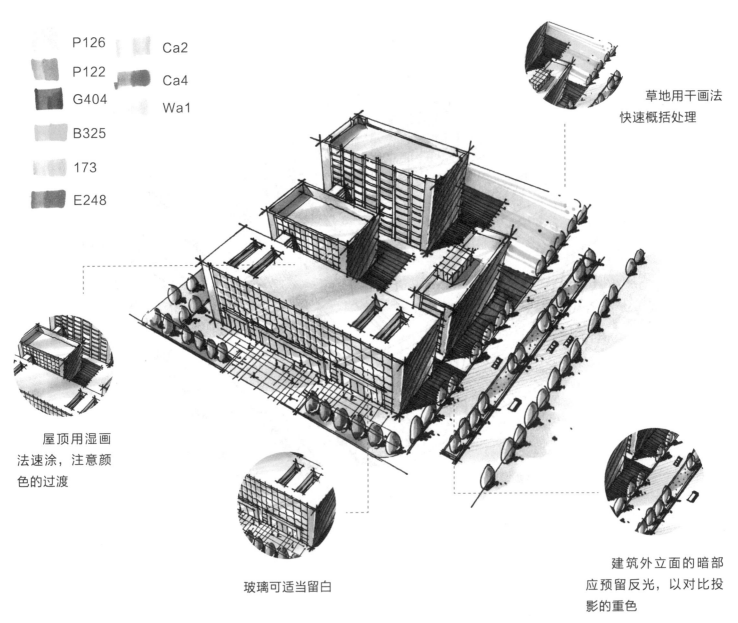

P126
P122
G404
B325
173
E248

Ca2
Ca4
Wa1

草地用干画法
快速概括处理

屋顶用湿画
法速涂，注意颜
色的过渡

玻璃可适当留白

建筑外立面的暗部
应预留反光，以对比投
影的重色

第 **5** 章

作品赏析

5.1 住宅建筑

住宅建筑是以居住为主要功能的建筑空间，按照不同户型的使用功能需求划分不同的居住空间，包括睡觉起居、工作学习等。然后根据使用功能的不同确定空间的大小、形状等，合理组织室内外交通流线，根据朝向安排门窗位置。手绘时注意温馨整洁的氛围营造，突出光感的刻画。

▲ 独栋别墅 1

▲ 独栋别墅 2

▲ 现代别墅 1

▲ 现代别墅 2

▲ 现代别墅 3

▲ 现代别墅 4

▲ 现代别墅 5

▲ 现代别墅 6

▲ 现代别墅 7

▲ 现代别墅 8（水彩）

▲ 现代别墅 9

▲ 现代别墅夜景（水彩）

▲ 范斯沃斯住宅（密斯·凡·德·罗设计）

▲ 流水别墅（弗兰克·劳埃德·赖特设计）

5.2 酒店民宿建筑

酒店民宿建筑是人们社交就餐、休闲娱乐的重要场所，涉及店前场地、风格形象、整体绿化等设计因素。一个好的酒店民宿建筑可以吸引顾客，美化环境，表达对顾客的尊重。不同等级的酒店民宿建筑要在与环境的关系、装饰风格上明确地表现出区别。

▲ 民宿建筑 1

▲ 民宿建筑 2

▲ 民宿建筑 3

▲ 民宿建筑 4

▲ 度假酒店建筑群

5.3 办公建筑

　　办公建筑是供机关团体和企事业单位办理行政事务和从事各类业务活动的建筑场所。按建筑高度可划分为三类建筑：24m 以下为低层或多层办公建筑；超过 24m 但未超过 50m 为高层办公建筑；超过 100m 为超高层办公建筑。按其使用功能可分为行政办公楼、专业性办公楼、出租写字楼、综合性办公楼等。手绘时应突出建筑群主体，精细地刻画视觉中心，并增添人物、汽车等配景来烘托氛围。

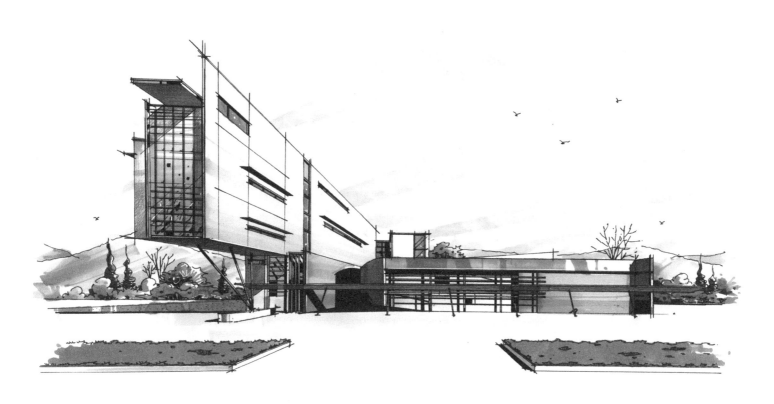

▲ 办公楼 1

▲ 办公楼 2

▲ 办公楼 3

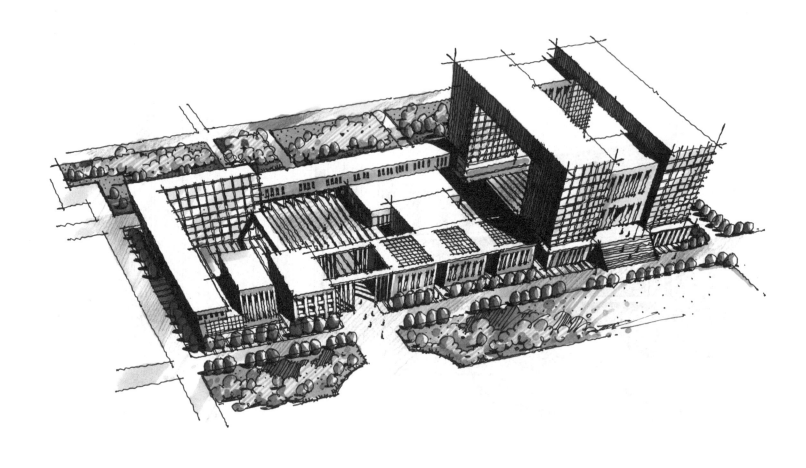

▲ 机关企业办公建筑

▲ 政府办公建筑大楼

▲ 通信枢纽建筑大楼

▲ 高层办公楼 1

▲ 高层办公楼 2

▲ 高层办公楼 3（彩铅）

5.4 校园建筑

　　校园建筑是由不同的使用功能、性质、规模及分类决定的，一般可分为活动区、教学区、供应区、服务区等。各功能分区之间应"闹静分离"，既要有方便的联系，又要避免相互之间的干扰。手绘时应根据服务人群的年龄层考虑配色及配套公共设施。

▲ 天津大学教学楼

▲ 天津城建大学教学楼

▲ 山东建筑大学雪山书院

▲ 科研实验楼

▲ 图书馆

▲ 天津师范大学图书馆

▲ 天津仁爱学院图书馆（水彩）

▲ 图书馆建筑夜景

▲ 幼儿园建筑

5.5 展馆建筑

  展馆建筑是供搜集、保管、研究和陈列展示的公共场所，手绘时应结合考虑展品的历史、文化、艺术、科学、技术等方面的因素，例如科技展馆在建筑手绘的配色上应充分体现科技特征，可用白灰色或蓝紫色作为建筑主色调，用笔快速肯定，突出未来感。

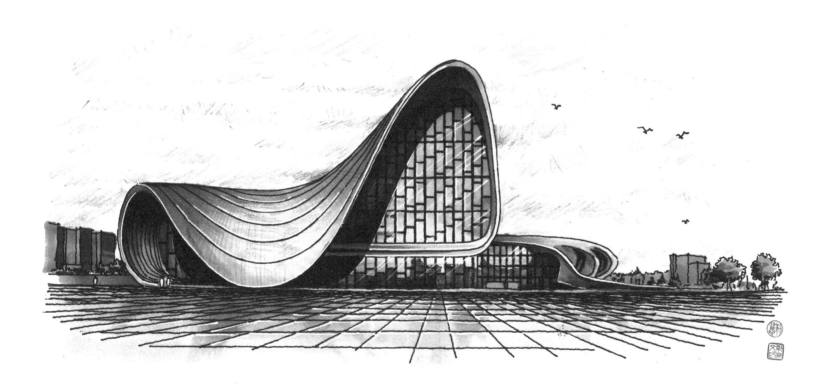

▲ 阿利耶夫文化中心（扎哈·哈迪德设计）

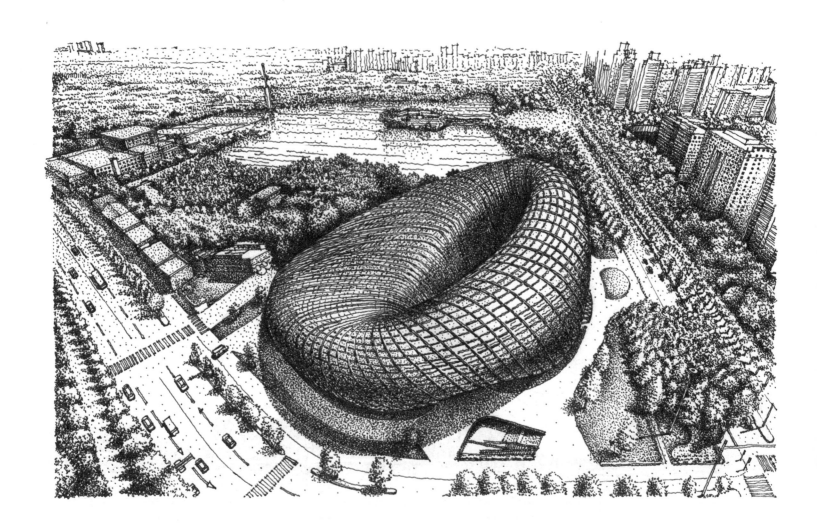

▲ 凤凰卫视北京总部大楼（钢笔点绘）

▲ 会展中心建筑 1

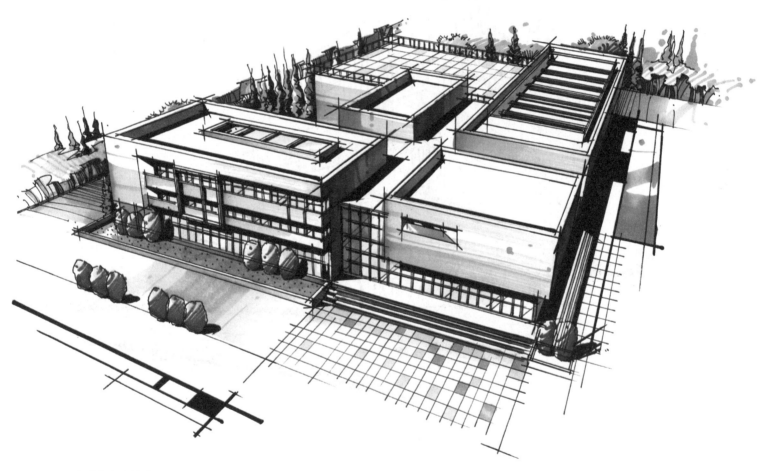

▲ 会展中心建筑 2

▲ 集装箱展览馆

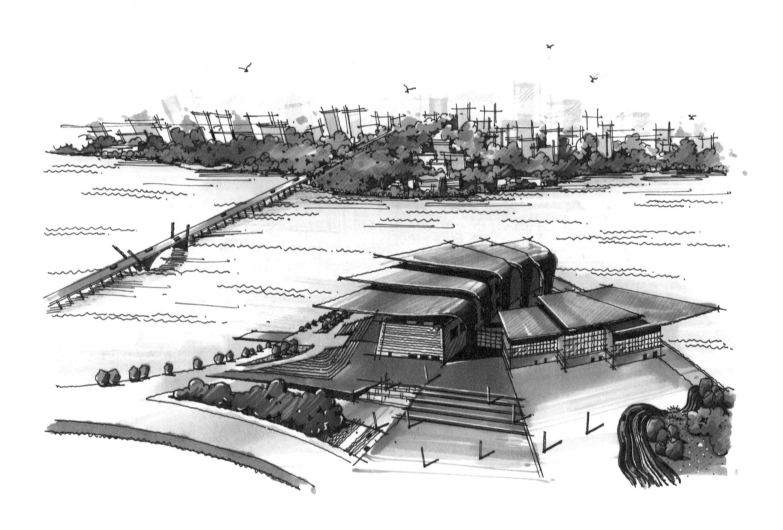

▲ 展览馆

▲ 博物馆

5.6 商业建筑

　　商业建筑是实现商品交换的空间，也是满足消费者需求的场所。手绘时应结合建筑周边的地理环境，增添不同年龄层的人物等配景，以烘托商业建筑的整体氛围。

▲ 北京三里屯太古里商业建筑

▲ 深圳京基 100 大厦

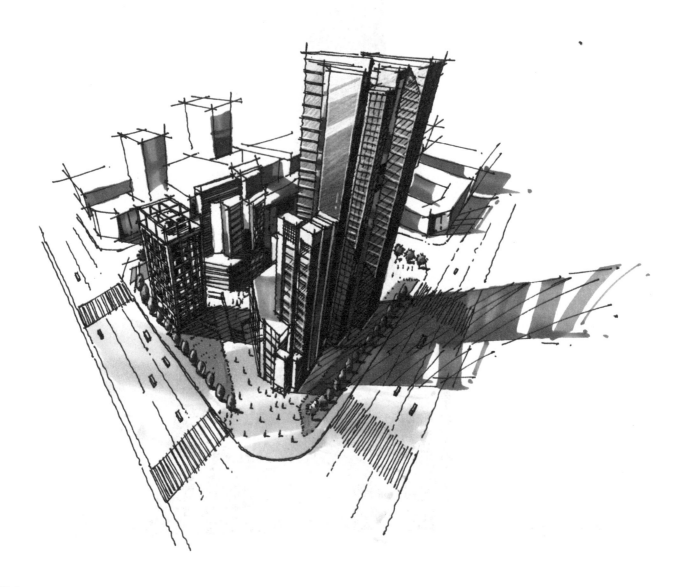

▲ 商业建筑群 1

▲ 商业建筑群 2

▲ 汽车 4S 店

5.7 医疗建筑

医疗建筑是一种特殊的建筑,应充分考虑其功能特性,手绘时配色不宜复杂,主要刻画光影和周围绿植配景,以烘托主体建筑物。

▲ 医疗建筑 1

133

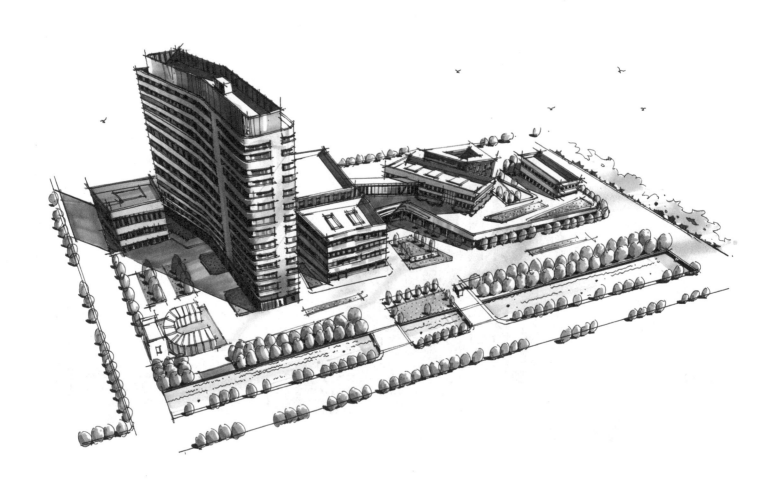

▲ 医疗建筑 2

▲ 疗养院建筑

▲ 福利院建筑夜景

5.8 体育建筑

　　体育建筑的平面交通组织尤为重要，由于体育建筑的尺度较大且人流密集，多建在较为开阔的广场中。手绘中多以鸟瞰图的形式来表现，以便突出建筑庞大宏伟的体量感。绘画时应注意建筑与周围环境的尺度比例关系，增添人物、鸟、气球等配景让画面更有朝气。

▲ 中国国家体育场（鸟巢）

137

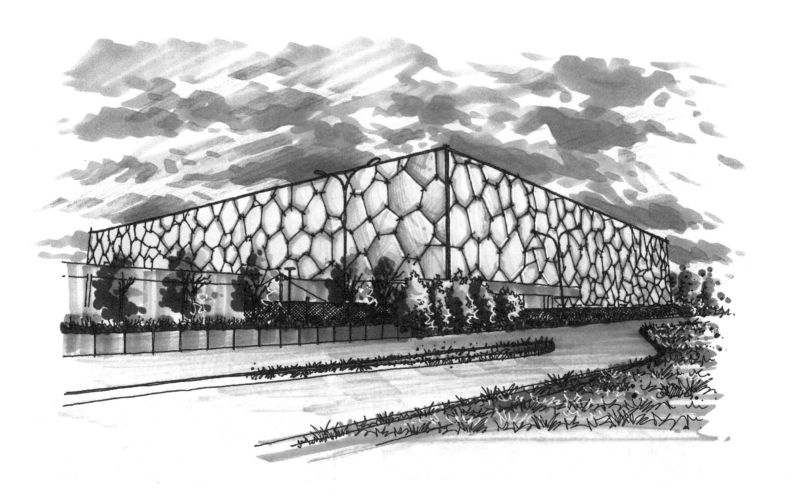

▲ 中国国家游泳中心（水立方）

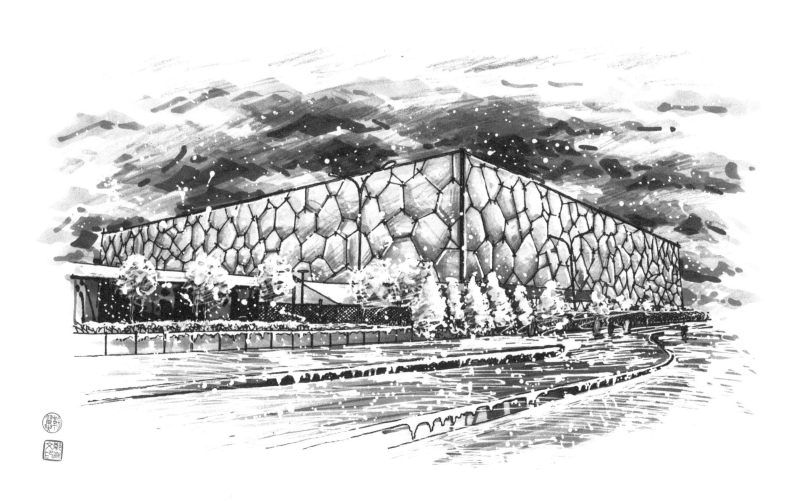

▲ 中国国家游泳中心（水立方）雪景

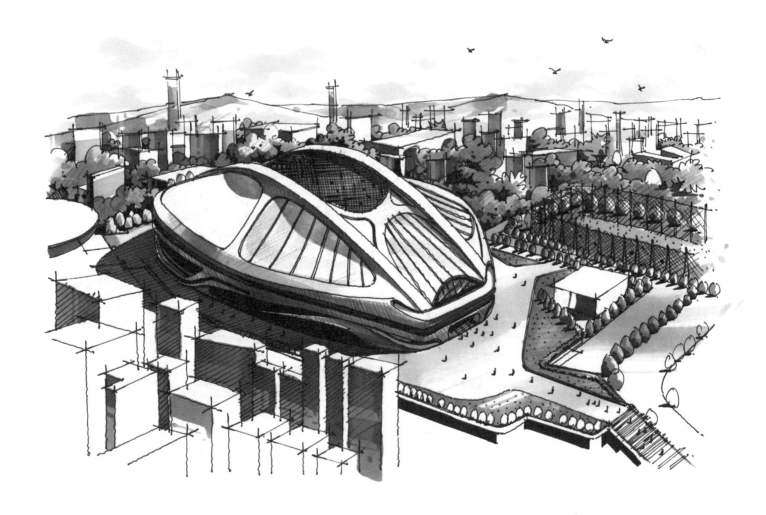

▲ 东京奥运会主场馆（扎哈·哈迪德设计）

5.9 其他建筑

不同建筑因其使用功能和服务人群不同而种类较多。在手绘时应结合建筑的周边环境，把控好画面色调与氛围，张弛有度，突出建筑主体表现力。

▲ 深圳城中村 1

141

▲ 深圳城中村 2

▲ 深圳城中村 3

▲ 深圳城中村 4

▲ 深圳城中村 5

▲ 深圳城中村 6

▲ 法国斯特拉斯堡大教堂（水彩）

▲ 中国南方民居建筑 1

▲ 中国南方民居建筑 2

▲ 中国南方民居建筑 3

附录